JN263576

マンガで読む 計算力を強くする

鍵本 聡著『計算力を強くする』より

がそんみほ 漫画
銀杏社 構成

ブルーバックス

カバー装幀／芦澤泰偉・児崎雅淑
イラスト／がそんみほ

「マンガで読むブルーバックス」

生命、医学、宇宙、物質、時間、ロケット、飛行機、エレクトロニクス、天気予報、相対性理論、微分積分、リーマン予想……
科学には興味があるが、ブルーバックスを最後まで読み通すことができない。
高校生の時ダメだった数学に、もう一度チャレンジしたいが、どこから手を付けてよいかわからない。
相対性理論や量子力学、化学反応など、科学のエッセンスを手っ取り早く知りたい。
最新のテクノロジーを知りたいが、あまり専門的な知識は必要でない。

そんな読者のために、ブルーバックスのベストセラーを誰でも読めるマンガにしたのが「マンガで読むブルーバックス」シリーズです。1700タイトルを超えるブルーバックスの中からベストセラーや、ぜひ知っておきたい科学の知識、話題のテクノロジーなどのテーマを選び、マンガにしました。

マンガ化するにあたり、数学や科学の知識のない方や、理系でない高校生、「100パーセント文系」の読者でも十分理解できるように、1冊全てをマンガにすることはせず、「読みどころ」を抜き出し、直感的に理解できるよう心がけました。

科学はただただ「むずかしく」「わからない」もの、理系の人だけが理解できる特別なものではなく、エキサイティングで興味深く、ロマンチックです。さらに、現代の私たちはほとんど科学に囲まれて生活している、と言っても過言ではありません。いままで科学をむずかしいと敬遠していた方、チャレンジしたけれどはね返されてしまった方に、「マンガで読むブルーバックス」で科学の面白さをぜひ感じていただきたいと思います。

さらに、マンガで読んで興味を持った方、もっと深く知りたいと思った方は、ぜひ元になったブルーバックスにチャレンジしてみてください。一度マンガで読んでいるのですから、かならずやさしく読めるはずです。

鍵本 聡著『計算力を強くする』より

もくじ

ミーーーン
ミンミンミン
ガララ
ごめんくださーい!!
お世話になります
いらっしゃい!!
タケルも もう高校生かい 大きくなったねえ
もー それが 聞いてよ お母さん
この子ったら 学校の成績が…
オレ 離れに荷物置いてくるね!!

あとでちゃんと宿題やりなさい!!
はいは〜〜〜い
はあぁ…
衣笠《きぬがさ》タケル 高校2年生
結局 見せられなかったなぁ…
ガサガサ
衣笠 タケル
9
このまま捨てちゃおうかな… 母さん 絶対キレるし…
9点て…

あれ？
こんなとこに井戸なんてあったっけ？
涸《か》れてる…
長いこと使われてないみたいだ
………
くしゃくしゃ
ポイ
えいっ

はっはっは
なかったことにしちゃおーっと!!
ぐー

…足りない
足りない……
ゴロン
う〜〜〜〜ん…
むくり
暑〜〜…
寝苦しいなぁ…
トイレは母屋なんだよな…
めんどくさ…
ひと〜〜つ
ん?
ふた〜〜つ
ヒュ〜
え…

ヒュ〜〜
ドロドロドロドロ
み〜〜〜っつ…
ギャーーーッ
ひイイイ出た〜〜〜!!
7て〜〜ん
8て〜〜ん
あばばば
9て〜〜ん
ん?

やっぱり91点
足りない…
ひらっ
ドキ!
わ〜〜〜っ!!
返せよ!!
それはオレのだ!!
だっ
ボン!
…
情けない…
もくもく
なんなのこの点数!
これが衣笠様の子孫だなんて!!
プンスコ
は?

井戸…ユーレイ…
お菊《きく》…？
いかにも!!
お察しのとおり
私は皿屋敷のお菊!!
つまり幽霊ね！
お皿が足りなくて
死んでから
この井戸の幽霊に…
それから二度と
数え間違わないように
算術の勉強を
してきたのよ〜〜
へ——
そうですか。
で
なんで
二頭身なの？
カワイイ
から!!
あと井戸
狭かったしね
とにかく私は…
数に弱いヤツを見ると
黙ってられないのよ!!
ててん！
ニコッ

どうせ井戸の中でタイクツしてたし…
私があんたを鍛え直してあげるわ！
えーーっ
…あっそうだ
思い出したトイレ!!
待ちなさ～い！
100点とれるまで逃がさないわよ～～
ドロドロ
ぎゃあああああ。。。。

翌朝――
おはよう！
あら なんか顔色悪いんじゃない？
おなか出して寝てたんでしょー
なんだかやつれてるな
何かヘンなものにでも取りつかれたんじゃないのかー？
わっはっは
シャレにならないよ…
あははするどーい
きゃはっ

ちぢんだ?
Keisanryoku wo tuyokusuru

第1章
かけ算は計算力の基本

よーしじゃあ休み明けだから計算テストでもするかーー！
えーーっ
ラララララ・・・
あと5分ーー!!
白?
キーコーンコーン…
NOーー!!
ガタッ

あうう……
ふむふむ
この程度の計算もできないとは……
うるさいな――!
頭の上でよむなっ!
オレ計算ニガテだもん
時間内に解けたことないし……

でも別に
計算できなくても生きていけるし
そうかな〜〜〜
読み・書き・そろばんって言うし計算力は学力の基本でしょ？
計算できなかったら行きたい大学に入れなくなっちゃうかも
うっ
だいたい頭の回転がニブい人って
何やっても要領悪くない？
くすっ
受験に失敗して女のコにもモテずに
きっと灰色の人生が待ってるんだわぁ

ちょっとしたコツで計算は速くなるのに…
ずーーーん
かわいそうね〜〜〜〜
えっホント？
ぴく
ホント
うわーん教えておキクちゃーん!!
ほかの人からは見えない
かばっ
ビクッ

ケイサンリョクヲ
ツヨクスル

第1章

第1講
九九を使った計算視力

制限時間：1問3秒
①12×35＝
②15×16＝
③14×45＝
④18×15＝
⑤35×14＝
まずはこの問題からやってみて！
え〜〜と
え〜〜と
…………
2×5が10で…
はい時間切れ！
うそっ！
えっもう!?

2ケタのかけ算なのにそんなに速く解けないよー!!
じゃあ2×3は?
6……
6×7は?
42!!
じゃあ12×35は?
うっ……
ピキッ
1ケタなら速くても2ケタはダメ
九九は暗記してるんだから当然よね!!
だから困ってるんじゃん!!
高校で1ケタのかけ算なんか出ないよ!!
だったらカンタンよ
2ケタのかけ算を1ケタの計算に変えればいいのよ!
はぁ!?

まず…
12×35＝
この35に2をかけて70にするの！
そんなことしたら答えが変わっちゃうよ！
だから〜〜〜その分12を2で割るの〜〜〜〜〜！
もー！
？
？？？
35に2をかけて12を2で割る…するとこうなるでしょ
12 × 35 ＝
割る！
かける！
(12÷2)×(35×2)＝
6 × 70 ＝

これなら解けるよね？ 12×35は？
え〜と…
12×35
= 6 × 70
= 420
420!!
正解!!
……はっ!!
できた!!
それでは皆さんも次のページの問題をやってみてね！

【例題】

14×45＝？

$$14\times45=(7\times2)\times45$$
$$=7\times(2\times45)$$
$$=7\times90$$
$$=630$$

【練習問題】

以下の計算を瞬時にできるように練習してみよう。
各問とも制限時間は3秒。

① $18\times15=$

② $35\times14=$

③ $25\times16=$

④ $45\times12=$

←解答は巻末P.177に

じゃあ32×45は？
32×45
=16×90
だから…
1440!!
18×65は？
1170!!
そう!! もうわかったよね
1の位が5の数字と偶数のかけ算は5に2をかけて偶数を2で割ってから計算するのよ
そうすればカンタンな計算になる!
ポイント!
(5の倍数)×(偶数)は
2だけ 先にかける。

これが「計算視力」よ
けいさんしりょく?
計算をカンタンに変えられることが見抜ける力のこと!!
なるほど…そうか!!
よーし早速がんばるぞ!!
ガバッ
ぷしゅ〜〜〜〜〜…
!?
このやり方で解けない問題がいっぱいあるよう〜〜〜
めそめそ
そんなにすぐ全部解けるようになるわけないでしょ!
ちゃんと順番に教えてあげるわよ!!

ケイサンリョクヲ
ツヨクスル

第1章

第2講
5をかけること、5で割ること

236×5＝?
じゃあ タケル 236×5はわかる?
わかるよ！ えーと… 236は 118×2 だから…
はい ストップ!!
え？
もちろん それでも いいんだけど… もっとカンタンな 方法があるのよ♡

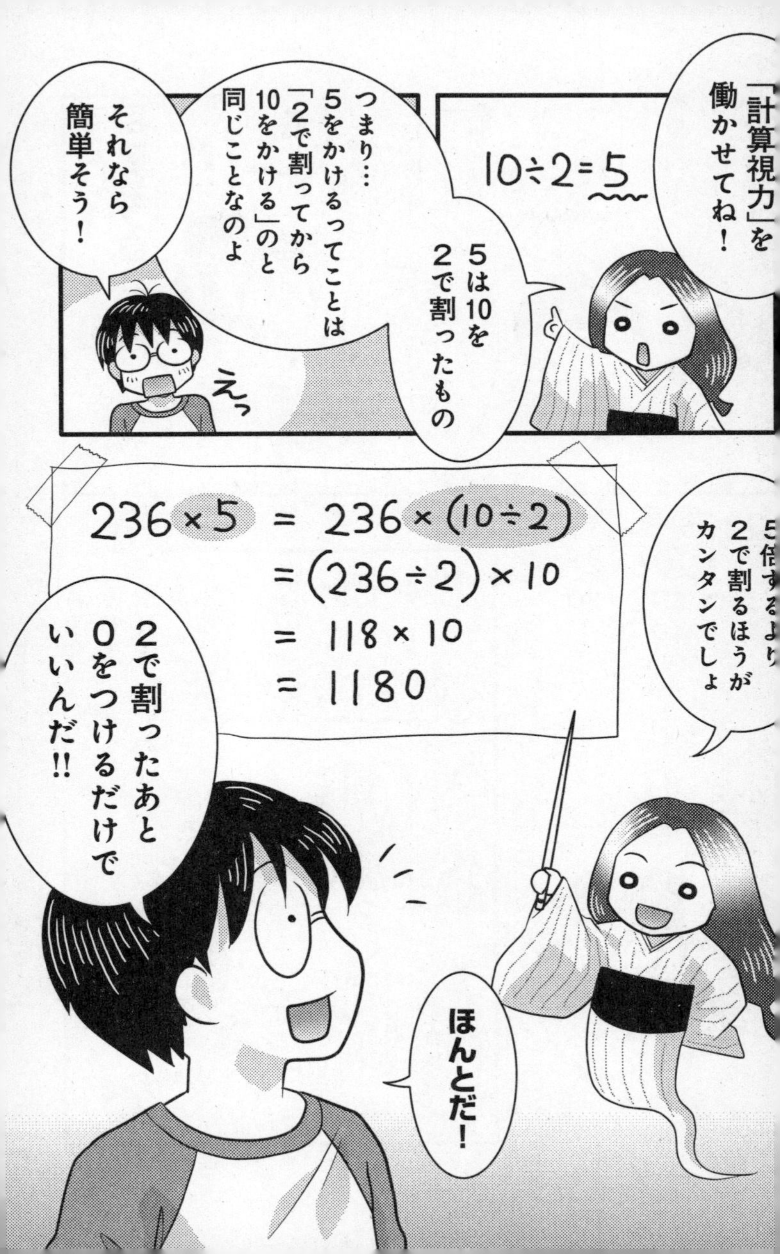

「計算視力」を働かせてね！
10÷2=5
5は10を2で割ったもの
つまり…5をかけるってことは「2で割ってから10をかける」のと同じことなのよ
えっ
それなら簡単そう！
236×5 = 236×(10÷2)
=(236÷2)×10
= 118×10
= 1180
5倍するより2で割るほうがカンタンでしょ
2で割ったあと0をつけるだけでいいんだ!!
ほんとだ！

すごい！目からウロコ!!
スゲー!!
じゃあ236÷5は？
え…
割り切れないよ？
あのねー割り算でも一緒なの！
もー！
割り算ではかけ算の逆をやればいいわけ
5をかける
=
2で割って10をかける
5で割る
=
2をかけて10で割る
これでわかる？
236÷5
=236×2÷10
=472÷10
=47.2
そうか！
2をかけたあと小数点を左に1ケタ
！

ね
わかった？
うん！
本当に
ちょっとしたコツで
計算が速くなる
んだね!!
ちなみに…
分母が5の分数も
分母を10にすれば
簡単に計算できます
$\frac{43}{5}=\frac{43\times2}{5\times2}=\frac{86}{10}=8.6$
分母を10にするのが
ポイント!!
カメラ目線？
と
いうわけで！
この問題を
1問3秒で
解くこと!!
ひ〜〜っ

【例題】

236×5＝？

$$236\times5=236\times(10\div2)$$

$$=(236\div2)\times10$$

$$=118\times10$$

$$=1180$$

【練習問題】

以下の計算を瞬時にできるように練習してみよう。
各問とも制限時間は3秒。

① 256×5＝

② 742×5＝

③ 349÷5＝

④ 709÷5＝

←解答は巻末P.178に

は〜〜〜
理屈はわかっても
3秒で解くのは
むずかしいや
はあ…
慣れれば
大丈夫!!
毎日 練習
するのよ!

ポイント！
・「×5」は「÷2×10」と、「÷5」は「×2÷10」と読みかえる。
・分母が5の分数は分母・分子に2をかけ、分母を10にする。
これがポイント
覚えてね!!

さらに応用編
25をかけたり25で割ったりする計算も同じなの
25!?
2ケタじゃん!
25は100÷4だから…
25をかける
=
4で割って100をかける
25で割る
=
4をかけて100で割る
これならすぐに暗算できるよね!
33÷25=33×4÷100
=132÷100
=1.32
ほんとだカンタンになった!
できる!
「計算視力」の効果がわかったかしら?

ケイサンリョクヲ
ツヨクスル

第1章

第3講
和差積を使った計算視力

ところでタケルは「展開」の公式って覚えてる？
えっ…
テンカイのコーシキ？
？ほえっ
ガクリ
ですよね～…
こんな問題は展開の公式で分解すればイッパツなのよ！
39×41＝？
えーっ
難しいよ!!

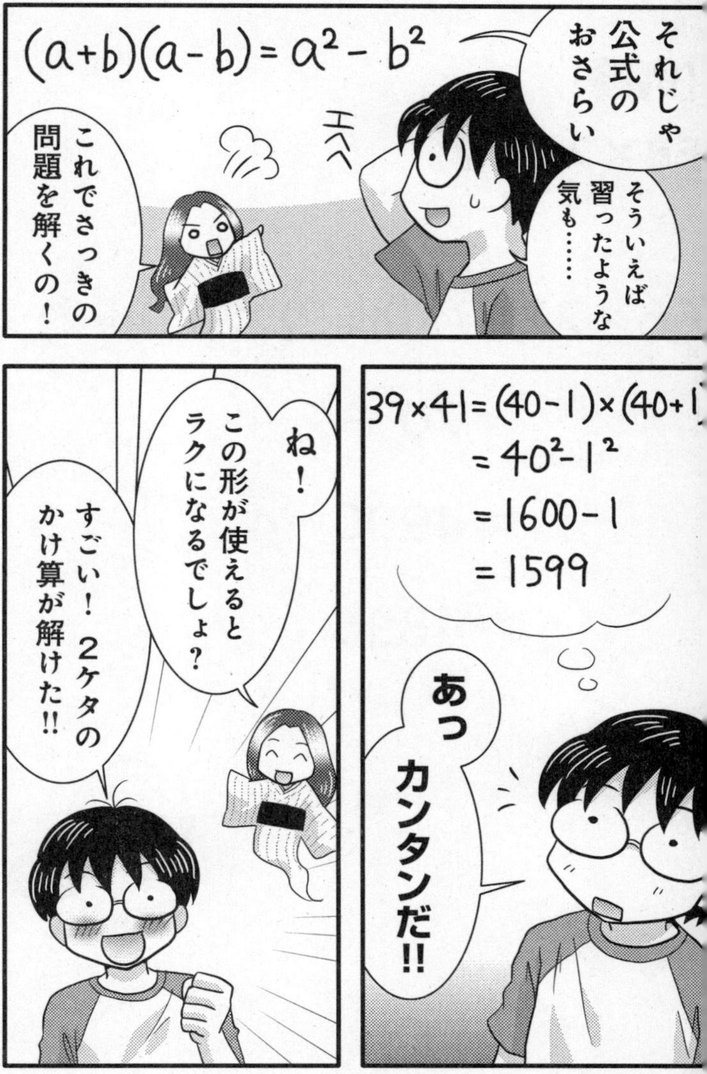

それじゃ公式のおさらい
$(a+b)(a-b)=a^2-b^2$
そういえば習ったような気も……
エヘヘ
これでさっきの問題を解くの！
$39\times41=(40-1)\times(40+1$
$=40^2-1^2$
$=1600-1$
$=1599$
あっカンタンだ!!
ね！
この形が使えるとラクになるでしょ？
すごい！２ケタのかけ算が解けた!!

【例題】

$68 \times 72 = ?$

$$
\begin{aligned}
68 \times 72 &= (70-2) \times (70+2) \\
&= 70^2 - 2^2 \\
&= 4900 - 4 \\
&= 4896
\end{aligned}
$$

【練習問題】

以下の計算を瞬時にできるように練習してみよう。
各問とも制限時間は７秒。

① 97×103＝

② 26×24＝

③ 14×18＝

④ 27×13＝

⑤ 112×108＝

⑥ 93×87＝

←解答は巻末 P.179 に

この形は実はいろんな場面で役に立つのよ
へ――――!!
知らなかった!

$$(a+b)(a-b)=a^2-b^2$$

この公式を使うパターンを「和差積のパターン」とよんでいます

ポイント!

平均からの和と差に分解できそうなら、和差積のパターンに持ち込む!!

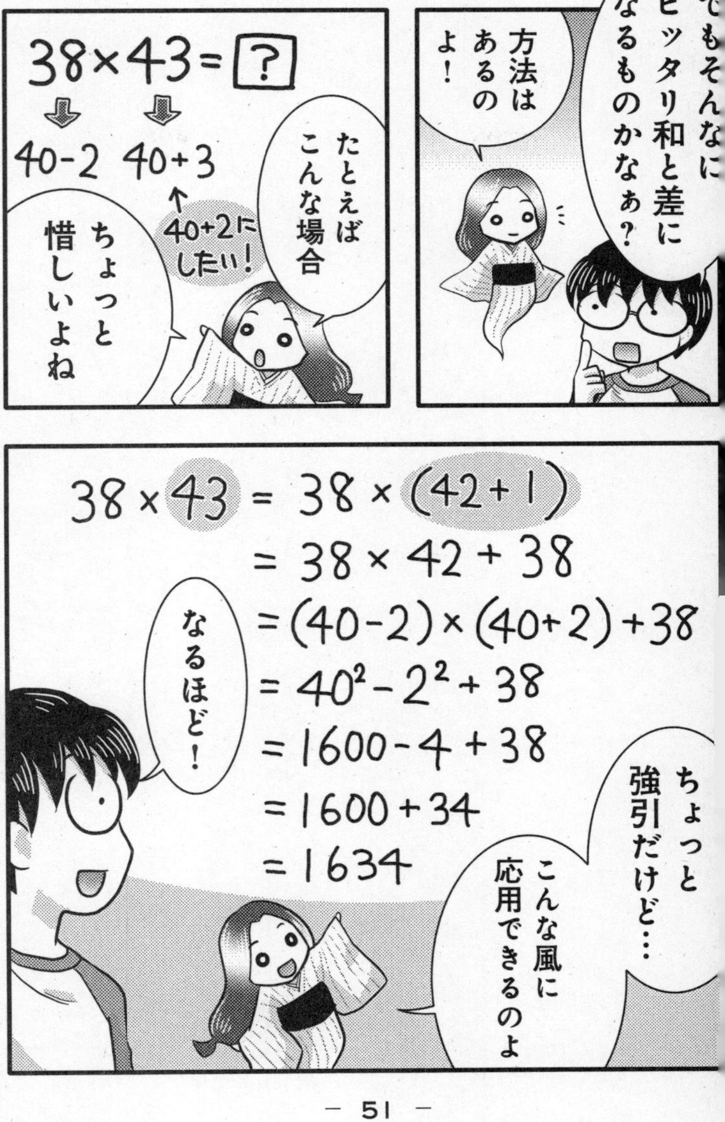

でもそんなにピッタリ和と差になるものかなぁ?
方法はあるのよ!
38×43=?
40−2 40+3
40+2にしたい!
たとえばこんな場合
ちょっと惜しいよね
38×43 = 38×(42+1)
= 38×42+38
=(40−2)×(40+2)+38
= 40²−2²+38
=1600−4+38
=1600+34
=1634
なるほど!
ちょっと強引だけど…
こんな風に応用できるのよ

ケ イ サ ン リ ョ ク ヲ
ツ ヨ ク ス ル

第1章

第4講
かけ算・割り算は計算順序を入れ替える

45×325÷1500=?
この式を見て！
タケルはどう解く？
うっ…
えっと…まず45×325…？
え――と
え――と
はい アウト――
ブブー
えっ…
いるのよね書いてある順番で計算しちゃう人
フーーッ
実はこれタケルが使ってる化学の問題集にあった計算なのよ
化学の問題みたいにかけ算と割り算が混ざってる時は順番が大切なの
乗るな!!

順番…を入れ替えるってこと？
そう！
それじゃやってみましょう
45×325÷1500
入れ替える
=(45÷1500)×325
15でわる
=(3÷100)×325
=975÷100
=9.75
45×325なんて計算しなくて済むのよ！
本当だ！
こうするとすごくスッキリするねー！

同じことだけどこういう書き方もあるわね
45/1500 × 325
これだと約分すればいいいってわかりやすいね！
それじゃーもう一問
32×43×625 = ?
えーーっ
よんじゅうさん!?
こんなのカンタンに解く方法あるの!?
これはタケルにはむずかしいかな？
ヒント！32は2の5乗で625は5の4乗なのよ
えっ…

これを先にまとめちゃうのがコツね
大きな数字の計算なのにカンタンでしょ!
$32 \times 43 \times 625$
$= (32 \times 625) \times 43$
$= (2^5 \times 5^4) \times 43$
$= (2 \times 5)^4 \times 2 \times 43$
$= 20000 \times 43$
$= 860000$
これ全部順番どおりに筆算してたら大変だよな〜
うん
タケルなら絶対まちがうね
うるさい!!

【例題】

125×75÷2500＝？

125×75÷2500

＝(125÷2500)×75

＝(5÷100)×75

＝(5×75)÷100

＝375÷100

＝3.75

【練習問題】

以下の計算を瞬時にできるように練習してみよう。
各問とも制限時間は15秒。

① $38 \div 54 \times 270 =$

② $98 \times 120 \div 23 \times 46 \div 49 \div 48 =$

③ $81 \times 75 \times 125 \times 32 =$

←解答は巻末 P.180 に

順番って
超・大事!!
なんだなあ!
今までの人生はいったい…
その通り!
化学の計算問題って
かけ算・割り算・
足し算・引き算・
分数なんかが
混ざってることが
多いよね!
うん
苦手
なんだ
よ〜〜〜
見ただけで
ダメ……
でもね
実は順番を
入れ替えるだけで
難しそうな数が
割り切れるように
問題が作って
あったりするの

ポイント!

いくつもの数をかけ算・割り算するときは、うまく順序を入れ替えてから計算をはじめる。

知らないとソンするってことだね
そう!
式を見たときに最少の計算量ですむ形がひらめけばOKよ!!

というわけで
次の化学のテストまでに特訓よー!!
えーーっ

ケ イ サ ン リ ョ ク ヲ
ツ ヨ ク ス ル

第1章

第5講
分数変換法を用いた計算視力

タケルーー
買い物行って
きてーー!!
はーーい
私も
行くーー!!
わーい♪
ハイハイ
玉ねぎ
牛乳と卵…
あっ タケル
見て見て…
セール
だって!!
お1人さま
1パック
ラッキー!!
特売
ワゴンの中25%
OFF

168円の25%引き…
えーと
168×0.75は〜〜〜……
タケル!!
そこで「分数変換」よ!!
え？
小数のかけ算って意外と面倒でしょ？
だから分数に変換しちゃうの！
分数にすれば約分ができるでしょ？
168×0.75
分数にする
= 168×3/4
約分する
= (168÷4)×3
= 42×3
= 126
なるほど——！

よく使う0.05倍数を覚えておくと便利だよ!
0.05 = 1/20
0.15 = 3/20
0.25 = 1/4
0.35 = 7/20
0.45 = 9/20
0.55 = 11/20
0.65 = 13/20
0.75 = 3/4
0.85 = 17/20
0.95 = 19/20
えっ これ覚えるの!?
げっ
だめだめ絶対ムリ!
じゃあ小数の計算したい?
……………!!
一回覚えちゃえば楽なんだから!
じゃあもう一問やってみる?

はい220円の玉ねぎでーす！
毎月15日はカードを使うと5%引き！
じゃーん
¥220
さてこの玉ねぎはいくらになるでしょう？
220×0.95 = ?
えっ…ええ～!? 0・95は…20分の19だっけ？
220×0.95＝220×19/20
＝(220÷20)×19
＝11×19
＝209
…なーんだこんなカンタンな計算だったのか！
そういうこと！

【例題】

84×0.25＝？

$$84\times0.25=84\times\frac{1}{4}$$
$$=(84\div4)\times1$$
$$=21\times1$$
$$=21$$

【練習問題】

以下の計算を瞬時にできるように練習してみよう。
各問とも制限時間は5秒。

① $24 \times 0.25 =$

② $80 \times 0.35 =$

③ $68 \times 0.75 =$

④ $16 \times 0.15 =$

⑤ $36 \times 0.45 =$

⑥ $26 \times 0.65 =$

←解答は巻末 P.181 に

小数だとややこしい計算なのに
分数にしただけで暗算できちゃうんだねー!!
分数にして約分すると余分な計算をしなくてすむでしょ?
うん!! これは便利だね!!
ただし!
ちゃんと小数に対応する分数を覚えておかないと使えないからね!
ハイ…
覚えます…

ポイント!

小数のかけ算は、できるだけ分数変換して、前もって約分をしておく。

$0.2 = \frac{1}{5}$

$0.4 = \frac{2}{5}$　$0.04 = \frac{1}{25}$

$0.6 = \frac{3}{5}$　$0.008 = \frac{1}{125}$

$0.8 = \frac{4}{5}$

$0.5 = \frac{1}{2}$

$0.125 = \frac{1}{8}$

$0.0625 = \frac{1}{16}$

$0.375 = \frac{3}{8}$

$0.625 = \frac{5}{8}$

$0.875 = \frac{7}{8}$

ついでにこのへんも覚えておくと便利です
えーっ!?

おや
うーん…
そわ
そわ
ただいま～!
パタ
パタ
帰ってきた!!
ただいま!!
ガチャ
おかえり!

どうだった!?
今日 中間テストが戻ってきたでしょ!?
あっ うん
前よりだいぶ良いかんじ!!
……!!
タケル
数I
22
……
78点足りない……!!
ごろん
わーっ
もどった!

よよよ
あんなに教えたのに……
そんなにすぐ成績は上がらないよ
だってまだかけ算の計算視力しか教わってないよ？
!
そういえば何でかけ算からやるの？
ふつうは計算の基本って足し算じゃないの？
それはなかなか良い質問!!

実は計算の基本は足し算じゃなくかけ算なの！
えっそうなの!!
足し算はカンタンそうに見えて実は奥が深いのよ
知らなかった…
へえ〜〜〜…
でも計算には足し算も必要だよ!!
もちろん！
では次の章は足し算について勉強しましょう！
かけ算から始める意味もわかります！
おおっ楽しみ！

もどった!
Keisanryoku wo tuyokusuru

第2章
足し算はかけ算の応用

いよいよ足し算だね！
なんで足し算のほうが奥が深いの？って話だったよね
ぴっ
うん 理由は3つあります！
1 足し算は記憶に頼る部分が意外と少ない
かけ算には九九があるし暗記で解ける部分が多いの
覚えているパターンが多いほど計算視力で楽に解けるのよ
ふーん？
ポカーン
じゃあ68×55と68＋55で比べてみて！
68×55 = 340×11
計算視力でカンタンに！
= 3740
68+55=
近道がない！
かけ算はカンタンになるけど…
足し算はひたすら計算しないとダメでしょ
そっか！

2
かけ算と違っていくつもの数を足し算することが多い
タケルが買い物してて10回かけ算することってある？
キリッ
ない!!
できないし!!
…うん…
そうよね…
じゃあ10回の足し算は？
ええと…
10個以上の買い物は時々あるなあ…
POTAT
10個の数の足し算をしてるわよね
ピッピッ
つまり足し算は近道がないのにやっかいな計算がしょっちゅう出てくるというわけ！
うえ〜〜〜

③
足し算をかけ算に持ち込むことが多い
そんな時…実はいい方法があるの！
!!
ビシ!☆
足し算をかけ算にするのよ!!
ええっ
ガビーン
そんなことできるの!?
たくさんの数の足し算は…
実はかけ算の形に変形することで計算を単純にできるのよ
48 + 84 + 36
(12×4) + (12×7) + (12×3)
12 × (4 + 7 + 3)
12 × 14
かけ算に持ち込む！(計算視力で解く)
168
12×14は和差積で解けます！
おおっ

そしたら10回の足し算をしなくてすむってことだね！
♪
うん でもそれには条件があってね…
かけ算がスラスラ解ける計算視力がなければ足し算の計算力は向上しない!!
…ってことわかる？
ドオォォオオン
はい…
というわけで…
びくっ
足し算の前にかけ算の復習よ――っ!!
ピシ――ッ
きゃ――っ

ケイサンリョクヲ
ツヨクスル

第2章

第1講
「平均」は足し算とかけ算の架け橋

…さてウォーミングアップも済んだことだし…
はあ
はあ
さわやかに足し算の勉強を始めようネッ☆
キラン✧
ヒドイよ!!
ではタケルくん！こないだのテストを全部出しなさい
ホレホレ
いっ…
!?
うわぁ…予想以上…
こりゃひどい
ず〜〜〜〜〜ん
う うるさいなっ
22
24
25
26
28

……まあ
レベルはともかく
例題としては
ちょうどいいわね
22+24+25+26+28
=?
この足し算
どうやって
計算する?
え〜〜〜
22+24=46
46+25=71
……
ん〜〜〜と…
はい
ストップ!
いま順に
足そうとした
でしょ!
えっ
ダメなの?
この数字見て
何かに
気づかない?

え…
似たり寄ったりの点数だな〜みたいな…
そう!! まさにソコなのよ!!
エヘヘ
ビシッ
えっ？
この点数…だいたい25点近くに分布してない？
22 24 25 26 28
これを利用して足し算をかけ算にするのよ！

$$22+24+25+26+28$$
$$=(25-3)+(25-1)+25+(25+1)+(25+3)$$
$$=25\times 5+(\underbrace{-3-1+1+3}_{=0})$$
$$=125$$

ホラ見て！25からの和と差で考えると…
あっ これただの25×5だったのか！
びっくり

つまりタケルのテストの平均点は25点ってことなんだけどね…
イラッ
勉強すりゃいいんだろ!!
そのとーり
でも足し算のコツわかってきたでしょ?
たくさんの数を足すときに平均値がとれそうなら
かけ算に持ち込めばいいんだね!
そゆこと!
もちろんかけ算の計算には今までやった計算視力を活用してね
パッと平均値が見えてきたらしめたもの!

【例題】

71＋80＋78＋82＋87＋81＝？

71＋80＋78＋82＋87＋81

＝(80－9)＋80＋(80－2)

＋(80＋2)＋(80＋7)

＋(80＋1)

＝80×6＋(－9－2＋2＋7＋1)

＝480－1

＝479

【練習問題】

以下の計算を瞬時にできるように練習してみよう。
各問とも制限時間は 10 秒。

① 16＋19＋23＋19＋22＝

② 21＋23＋24＋25＋27＝

③ 79＋76＋83＋81＋84＋75＝

④ 24＋20＋23
＋24＋24＋24＋24＋28＝

←解答は巻末 P.182 に

足し算って書いてある順に足すものだと思ってたよ
こんな方法があったんだね！
これからはかけ算に変形できないか注意してみるよ！
よし！
そう しかもこまごまとした足し算は日常よく使うでしょう
とっても役に立つのよ！

ポイント！

足し算は平均のかけ算に持ち込む!!

…あ でも そんな都合よく全部の値が平均近くに分布してるなんてことあるのかなぁ…？
ホントに役に立つ？
そうね…
たとえばスーパーに買い物に行ったとしてカゴの中に百円のものと1万円のものが一緒に入ることってある？
いつもの買い物
¥176
¥148
¥298
¥98
¥126
これはアリ？
¥55万
¥120万
¥198
？
だいたいの場合は平均的な「程度」があるものよ！
…そっか 言われてみればそうだね
ほっ
というわけで！
これからはスーパーの買い物も暗算してもらうからね！
えーーっ

ケイサンリョクヲ
ツヨクスル

第2章

第2講
等差数列を「平均」でかけ算に持ち込む

4+5+6+7+8=?
次はこれ！
5つの数が連続して並んでるよね？
こんなふうに差が常に一定の数列を「等差数列」といいます
トウサスウレツ？
ほかにも1、3、5、7、9とか20、16、12、8みたいなのも等差数列よ!!
さて！この問題はどう解くでしょう！
えっ…
ぴっ
ええと…平均を使うんだっけ？

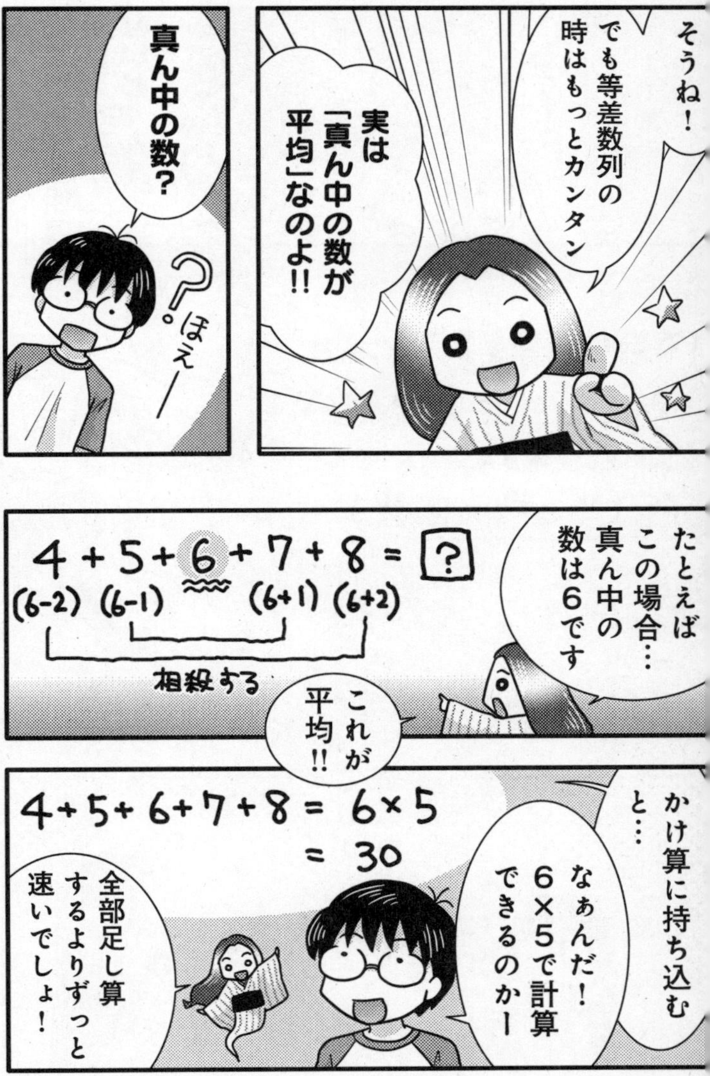

そうね！
でも等差数列の時はもっとカンタン
実は「真ん中の数が平均」なのよ!!
真ん中の数？
ほえー
たとえばこの場合…真ん中の数は6です
4＋5＋6＋7＋8＝?
(6-2) (6-1) (6+1) (6+2)
相殺する
これが平均!!
かけ算に持ち込むと…
4+5+6+7+8 = 6×5
= 30
なぁんだ！6×5で計算できるのかー
全部足し算するよりずっと速いでしょ！

あっ でも数が偶数個の 時は真ん中が ないじゃん！
そう！ タケルのくせに よく気が ついた！
くせに…？
ピキッ
じゃあついでに ちょっとまとめて みよう！
奇数個の等差数列の場合
それらの平均は真ん中の数字
なので、それらの和は
（真ん中の数×個数）
例）22＋24＋26＋28＋30
＝26×5
＝130
これが 奇数個の 場合ね
うん
うん

② 偶数個の等差数列の場合

それらの平均は真ん中の2つの数字の平均

なので、それらの和は

$$\frac{(\text{真ん中の2数の和})}{2} \times \text{個数}$$

$$= (\text{真ん中の2数の和}) \times (\text{個数の半分})$$

これも計算視力を使うポイント！

例）

$22+24+26+28+30+32$

$= \frac{(26+28)}{2} \times 6$

$= (26+28) \times \frac{6}{2}$

$= 54 \times 3$

$= 162$

そうか！
平均を求めるための÷2で個数のほうを半分にすればいいのか――！
なるほど！
びゅっ

【例題】

15＋16＋17＋18＋19＝？

15＋16＋17＋18＋19

＝17×5

=85

【練習問題】

以下の計算を瞬時にできるように練習してみよう。
各問とも制限時間は5秒。

① 22＋24＋26＋28＋30＝

② 40＋35＋30＋25＋20＝

③ 32＋35＋38＋41＋44＝

④ 27＋30＋33＋36＋39＝

⑤ 12＋13＋14＋15＝

⑥ 7＋9＋11＋13＋15＋17＝

←解答は巻末 P.183 に

今回のまとめ！
ポイント！
等差数列は（平均×個数）のかけ算に持ち込む!!
でもさぁ…これって実用的なのかな
等差数列を計算することなんてある～～～？
ん……
7+8+5+5+10=?
ではちょっぴり応用編
こんな問題もやってみようか？
等差数列じゃないじゃん！
これが5＋6＋7＋8＋9だったら楽なのに……

そう!
そこがポイントなの!
へ?
ちょっと並べ替えればホラ…見えてこない?
7+8+5+5+10
= 5+5+7+8+10
1もってくる
= 5+6+7+8+9
あっ…!わかったぞ!!
4+8+9+5+11+7
わける
= 4+8+9+5+(6+5)+7
= (4+5+6+7+8+9)+5
= (6+7)×3+5
= 39+5 = 44
こんな使い方もあるわね
足りない数字は補ってやればいいのか!
こんなふうに一見そう見えないけど等差数列として計算できることがあるのよ
これも「計算視力」ね!!

ケイサンリョクヲ
ツヨクスル

第2章

第3講
足し算は計算視力で「グループ化」

そろそろ足し算にも慣れてきた？
うんバッチリ！
たぶん！
じゃあ次はこれいってみよう
7+6+5+6+6+8+13+12+5+13+15+12+11+9+14+5=?
えっ…!?
えっ…
えええええええええ!?
かっ…数が多いよ〜〜〜!?
こんなの暗算できないよ!!
プシュ〜
ちゃんと方法があるから考えて!!
も〜
ヒントをあげよう！こんな時はまずキリのいい数になる組み合わせを探してみて
キリのいい数…10とか20とか……？

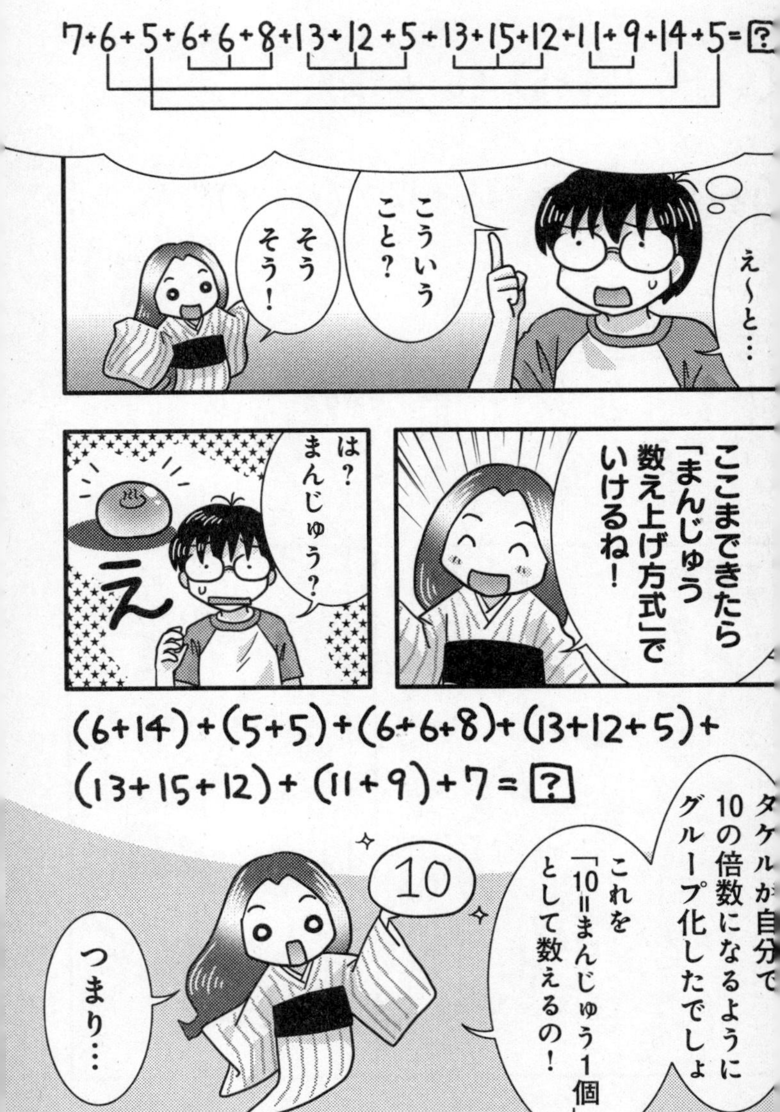

7+6+5+6+6+8+13+12+5+13+15+12+11+9+14+5=?
え〜と…
こういうこと?
そうそう!
ここまできたら「まんじゅう数え上げ方式」でいけるね!
は?まんじゅう?
え
(6+14)+(5+5)+(6+6+8)+(13+12+5)+(13+15+12)+(11+9)+7=?
タケルが自分で10の倍数になるようにグループ化したでしょ
これを「10=まんじゅう1個」として数えるの!
10
つまり…

(6+14) (5+5) (6+6+8)
(13+12+5) (13+15+12) (11+9) +7
こういうこと！
まんじゅうを指さして数えるイメージでね
1、2、3…14個に7を足すから 答えは147だね！
はぁ…これって暗算でやるのつらいよ〜〜〜
確かに慣れが必要かもね！
ムリ〜
たとえば車内吊りの電話番号とか…
バーコードの数字で計算の練習をするといいわよ
数字ならなんでもOK！
MOMO

とにかく重要なのは数字をグループ化してしまうこと！瞬時にグループ化できるように訓練してね
え～～～……でもさあ　キリよくグループにならない時はどうすんの？
そんな時は1の位を1とか2とか小さい数にしておいて「小さいまんじゅう」として後で数えるのもいいわよ！
3+9+3+8+3+6+3+6+8
=(3+9)+(3+8)+(6+6+8)+3+3
= 12 + 11 + 20 + 6
= , , , +6
= 49
1、2、3、4…46に47、48、49…で答えは49か!!
でもなんでまんじゅうなの？
せんべいでもいいじゃん！
まんじゅうが好きだから！
私はこしあん派

【例題】

6＋12＋17＋8＋5＋11＋7＋22＋4＋3＋9＋16＝？

6＋12＋17＋8＋5＋11＋7
＋22＋4＋3＋9＋16
＝(6＋4)＋(12＋8)＋(17＋3)＋
(5＋9＋16)＋(11＋7＋22)
＝10＋20＋20＋30＋40
＝120

【練習問題】

以下の計算を瞬時にできるように練習してみよう。
各問とも制限時間は30秒。

① 6+6+8+2+9+2+5+5+4+5+2+4+6+12=

② 6+5+2+14+6+6+5+2+8+14+2+4+5+12+8+9+5+7=

←解答は巻末P.184に

タケルは10の倍数で計算してたけど別にどんな数字でもいいのよ
要は計算しやすい数ならいいってわけ！
自分のやり方でいいんだね！

ポイント！

中途半端な大きさの数の足し算は、グループ化でまんじゅう数え上げ方式に持ち込む。

さてグループ化の応用編
グループ化とまんじゅう数え上げ方式の応用例をご紹介します！

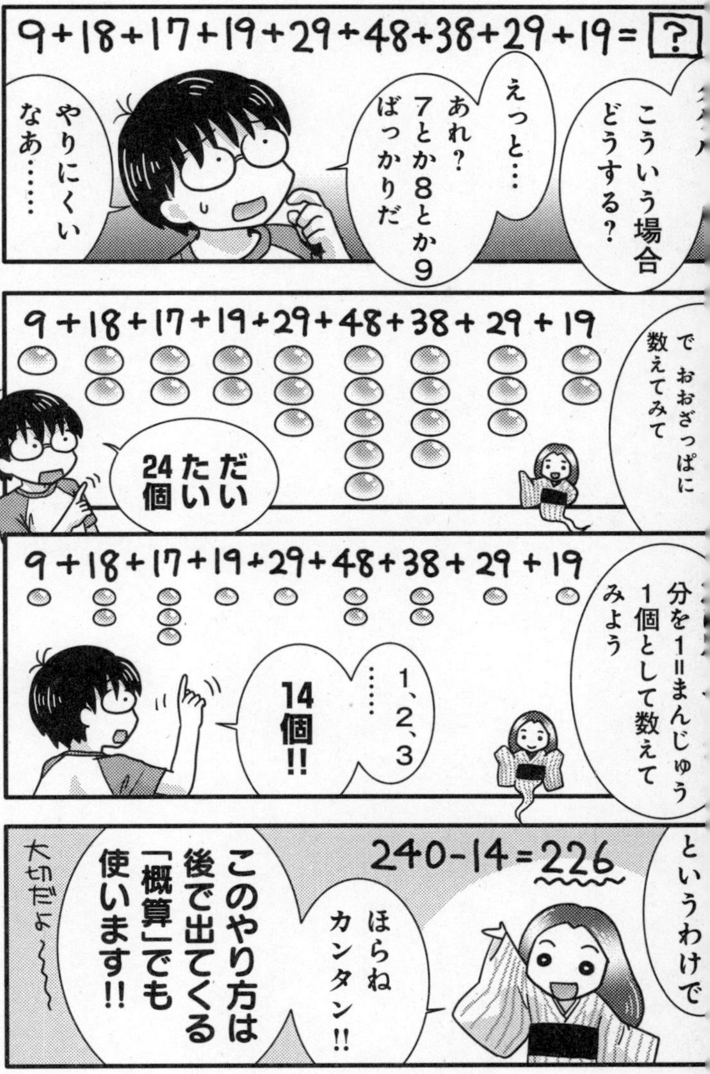
9+18+17+19+29+48+38+29+19=?
こういう場合どうする？
えっと……あれ？7とか8とか9ばっかりだ
やりにくいなあ……
9+18+17+19+29+48+38+29+19
でおおざっぱに数えてみて
だいたい24個
9+18+17+19+29+48+38+29+19
分を1＝まんじゅう1個として数えてみよう
1、2、3……
14個!!
240-14=226
というわけで
ほらねカンタン!!
このやり方は後で出てくる「概算」でも使います!!
大切だよ〜〜

ケイサンリョクヲ
ツヨクスル

第2章

第4講
引き算の基本は「おつりの勘定」

どこ行くの〜〜〜?
おつかい!!
一緒に行く〜〜〜
どうせまた計算させるんだろっ
もちろん!
タケル成績を上げたいなら好き嫌いもなくした方がいいよ
青魚がいいんだって!!
またテレビで見たんだろ!
あ
おキクちゃんまんじゅう食べる?
ユーレイだから食べられない…
しくしく
そっか…

ざらっ
うわぁ めちゃめちゃ 並んでる〜〜
あらら
せっかくだから 待ってる時間を 使って 足し算の復習!!
えーーっ
カゴの中の 商品の 合算金額を 出すこと!
はい 計算してー 制限時間 30秒!
え〜〜と え〜〜と
いーち にー
……2845円!! たぶん!
正解!

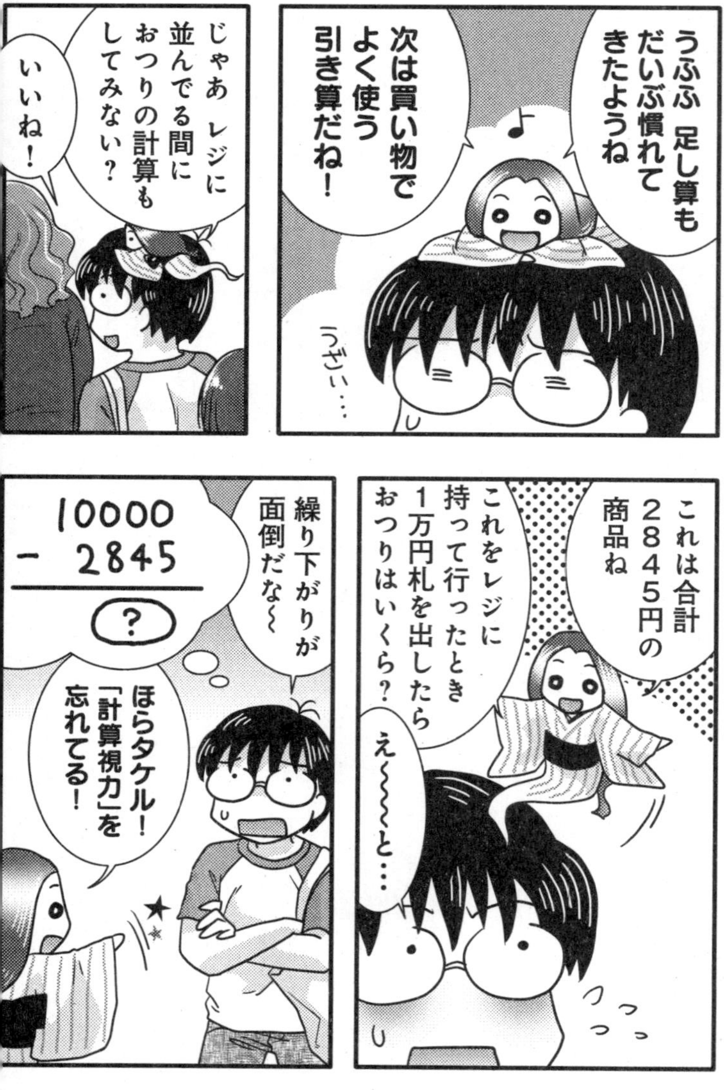
うふふ 足し算も だいぶ慣れて きたようね
次は買い物で よく使う 引き算だね！
うざい…
じゃあ レジに 並んでる間に おつりの計算も してみない？
いいね！
これは合計 2845円の 商品ね
これをレジに 持って行ったとき 1万円札を出したら おつりはいくら？
え〜〜〜と…
繰り下がりが 面倒だな〜
10000
− 2845
?
ほらタケル！ 「計算視力」を 忘れてる！

えっ？
ピョ
繰り下がるのが面倒だったら全部の位が9ならいいんじゃない？
10000
9999 + 1
つまりこういうこと
10000-2845 = (9999+1)-2845
= (9999-2845)+1
= 7154+1
= 7155
こうすれば繰り下がりの計算をしなくていいわけ！
こんな方法があったのかー！
いままで筆算してた…
10000

じゃあ次のパターーン！
何？
例えばスーパーで7997円のお買い物をしました
1万5361円
10000 × 1枚
5000 × 1枚
小銭が361円
財布の中にはこんな感じで合計1万5361円あります
さてどう支払う!?
えっ・・・
1万円札を出しておつりをもらう…んじゃないの？
そうだよね！
1万円札で払ったらおつりの2003円を財布に戻せばOK
1万円が財布に入ってたら安心するでしょ？

ではタケル！これはどう？
$15361-7997=$?
え？
あれ…？
繰り下がりが多いし細かい数が多いよ
……面倒だなぁ
ね？ヘンでしょ？
1万円あれば安心なハズなのに引き算になると不安になっちゃう
本当だ
お金で考えると繰り下がりってヘンよね！
わざわざ小銭から払おうとして後からお札をくずすみたい
言われてみればそのとおりだね
二度手間じゃないか！

でしょ!
だからこういう時は レジでお金を払う時 みたいに
大きいお金を「両替」すればいいのよ
両替?
筆算で繰り下がりが多そうな引き算は 1ケタ多いお札から払って 後からおつりを足す!
私はこれを「両替方式」と呼んでいます
15361−7997
=(10000−7997)+5361
=2003+5361
=7364
おっ
これなら暗算できそうだ!

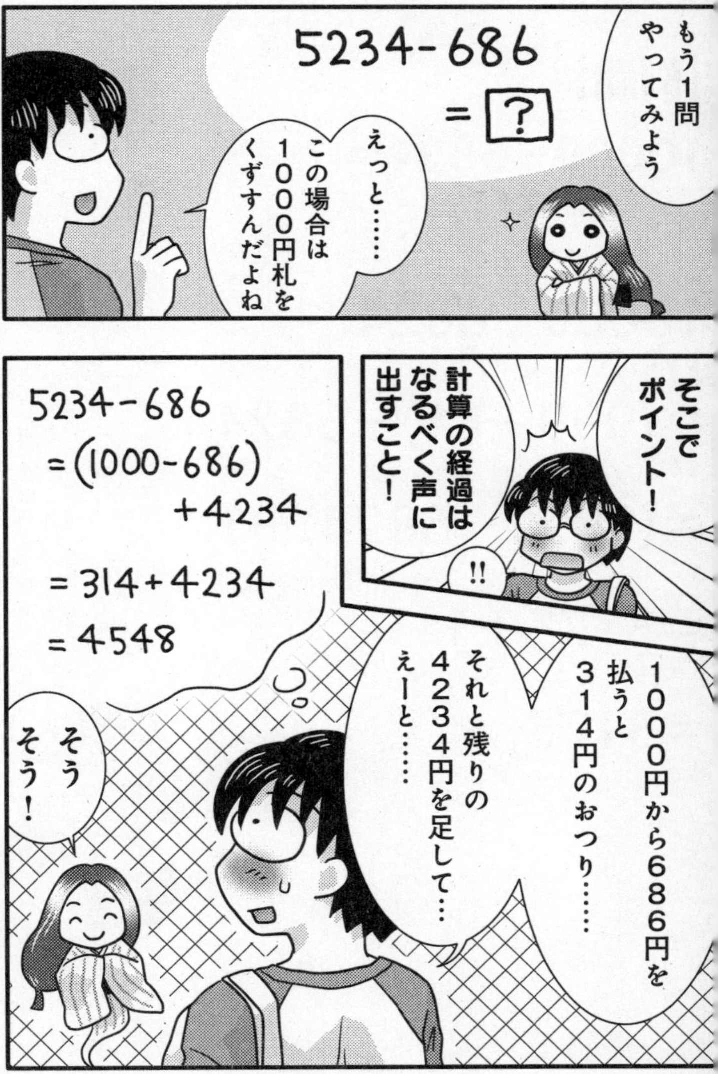
もう1問やってみよう
5234−686
=?
えっと……この場合は1000円札をくずすんだよね
そこでポイント！
計算の経過はなるべく声に出すこと！
!!
1000円から686円を払うと314円のおつり……
それと残りの4234円を足して……えーと……
5234−686
=(1000−686)+4234
=314+4234
=4548
そうそう！

【例題】

10000−6824＝？

10000−6824

＝(9999＋1)−6824

＝(9999−6824)＋1

＝3175＋1

＝3176

【練習問題】

以下の計算を瞬時にできるように練習してみよう。
初めの4問は制限時間3秒、残りは5秒。

① 10000－5234＝

② 10000－7293＝

③ 100000－42938＝

④ 10000－398＝

⑤ 154－68＝

⑥ 268－192＝

←解答は巻末P.185に

おつりの計算は
普段から
役に立ちそうで
いいね！
うん
おつりの間違いが
あったら大変
でしょー？
この間みたいに
混んだレジでも
ピッタリのおつりを
すぐに出せたら
あわてなくて
すむよね！

ポイント！

- 繰り下がりはなるべく避ける。
- 計算の途中経過は
  できるだけ声に出す！

でもなんで声に出した方がいいの？
あんまり関係なくない？
はずかしいし…
そんなことありません！
声に出すのはちゃんと効果があるのよ！
!?
これは計算視力を高めるために役立つトレーニングなの！
154-68は100-68+54で……
イメージ
話しながら耳できく
タケル
頭の中で数字をイメージする訓練になるし
音にした数字を耳から解釈する練習にもなるのよ
声に出すと計算ミスが減る効果もあります♡
いいこと ずくめ！

衣笠！
ちょっと
いいか？
ハーイ
何ですか？
先週の
小テストのこと
なんだがな……
ばーーーん
衣笠タケル
74
1.
2.
………!!
先生もな…
生徒のことを
疑いたくは
ないんだが…
カンニング
したんなら
今のうちに…
どよ～～ん
…て
ちょい センセー!!
何にもして

…そっそうか！
いや先生はもちろん信じてたさ！
はっはっは
プスン
プスン
も～～～ひどすぎますよ！オレだってちゃんと勉強してるんです!!
それにしてもいつも赤点だったのに…どんな方法で勉強したんだ？
え～～～とそれは…
夏休みに会った友達が計算の速くなるコツを教えてくれて……
今も時々教わってるんです
オバケだけど…
へぇ!!それはいいな
高校数学で挫折する生徒が多いからなあ
その調子でがんばりなさい
ハイ！

…ってことで
今日初めて小テストで赤点とらずに済んだよー!!
わーっ
すごいじゃなーい!!
…でも 26点足りないっ
復習しなさいね!!
ひ〜〜っ
…あ それでね
そろそろ学校でコース選択しないといけないんだ
受験のために文系と理系に分かれるわけ
へ〜〜〜 タケルはどうなの?
先生は理数系に行ったら

最近数学とか化学の成績も上がってきたし……
問題を解くのが楽しくなってきたんだ!
タケルも成長したわね~~~!
100点とるって約束したもんね!
期末テストはがんばってよ!!
うん!!
タケルがテストで100点とれたら私も成仏できるわ~~~
えっ…うん
………

Keisanryoku wo tuyokusuru

第3章
概算は判断力と決断力

さて今まで
かけ算・足し算を
勉強してきたけど
……
ふだんそんな
計算が必要に
なるのは
どんなとき？
えー？
そりゃ…
買い物とか…
打ち上げの
幹事とか…
交通費の計算
とかかなぁ…
じゃあ　もし
1980×21
を計算するとしたら
たとえば
どんなときかしら？
うーん…
1980
×
21

たとえば…
サークルのみんなで1着1980円のTシャツを21人分作るとか……
1日1980mの距離を21日間歩いたときの合計とか…？
そうだね！
でもそういうときに実際はどんな計算になるかしら？
？
Tシャツの場合…
めんどうだから一人2000円集めて端数はサークルの予備費にしない？
っていう人がいたり…
距離の場合は
時々寄り道もするから1日2000mでいいや
…っていう風に…

あ〜〜〜よくある!!
ふだんは大ざっぱに計算するほうが多いでしょ?
ある ある
こういう大ざっぱな計算を
「概算」と言います
ガイサン
学校では習わないけど大切なのよ!
学校では端数まで正確に計算するもんなあ
もちろんそれも大事なんだけど…
概算のコツをつかむと計算力にも大きく差がつくの!
しかも概算は役に立つだけじゃなくて
「状況判断力」と「決断力」も身につくのよ!!
ええっ

「判断力」と「決断力」どっちもタケルには足りてないもんね——!!
うふふふ
にっこり
やかましい
それにタケルくん最近成績が上がってきたのはいいけど…
キョーシのんなよ〜
つまんない計算ミスが増えてるわよ!!
うっ…
というわけで「判断力」「決断力」を養うほかにも…「ミスをなくす」特別メニューを用意しました
キビシイやつ
!!
いやあああ
さ——それでは!第3章にレッツゴー——!!

ケイサンリョクヲ
ツヨクスル

第3章

第1講
概算のコツは「状況判断」と「数字を切る決断力」

例
スーパーで左のような買い物をしました 今レジに並んでいます レジは混んでいて手早く支払いを済ませたほうがよさそうです
豚肉￥298
白菜￥128
鍋用スープ￥298
ニンジン￥98
うどん4袋 ￥58×4
しいたけ￥198
豆腐2丁 ￥118×2
パックご飯 ￥298
さて あなたなら現金をいくらくらい用意しますか？
さあタケルはどう思う？
え〜〜〜〜〜っと…
今夜は鍋物!!
がくーっ
まじめに考えて!!
ちょっとボケただけじゃん！
めそめそ

もちろんまじめに全部計算するわけじゃないんだよね?
もちろん!
概算ですから!
白菜¥128→100円
ニンジン¥98→100円
しいたけ¥198→200円
じゃあ…
だいたい百円単位で近い数字にするとか…
そうそういいセンいってる!
そういうときは「まんじゅう数え上げ方式」を思い出してね!
まんじゅう?
100円を1個としてまんじゅうで数えてみよう!
白菜 ¥128
ニンジン ¥98
しいたけ ¥198
豆腐2丁 ¥118×2
豚肉 ¥298
鍋用スープ ¥298
うどん4袋 ¥58×4
パックご飯 ¥298
←まんじゅう
+余分の1コ

1、2、3……
17個と「余分の1個」
で18個……
だいたい
1800円か！
そうだね
ちなみに
合計金額は
1786円
だよ！
…って
この
「余分の1個」
ってナニ？
よく聞いてくれました
そこが「概算」の
センスが
問われるところ
白菜¥128 → △¥28
豆腐2丁¥118×2 → △¥18×2
うどん4袋¥58×4 → △¥8×4
まんじゅうで
数えるときに
低く見積もり
すぎた数字が
あったよね？
でも2円ずつ
高く見積もった
数字もある
けど……

そうね！そこらへんの過不足を考えて…
とりあえずまんじゅう1個くらいが余分に必要かな？
余分の1コ
って考えるわけ!!
なぁんだテキトーなんだ！
概算なんだからちょっとぐらい違っていてもいいの！
もちろん状況によっては「余分の2個」だったり逆に足しすぎたら引いてみたり……
そのへんは直感でOK!!数学のセンスが問われるわよ!!
おりろ〜〜〜

こういった計算方法を見せると…
だいたいの人はどっちかのタイプに分かれるのよね
ふんふんそうだな自分もやってる
そんなこと考えたこともない！
ガーン
Ⓐ
Ⓑ
まんじゅうかぁ〜〜
ほお〜〜〜
なるほどねえ〜〜
うん…
わかってたけど…
もちろん→Ⓑ
あのねータケル
この差はけっこう大きいのよ！
へ？
さっきも言ったけど
概算に必要な
「状況判断力」と「決断力」
これは生活のすべてと直結する能力だからよ!!

短い時間で正しい答えに近づこうとする「判断力」…
よし 並んでる間に計算してお札も用意しておこう
まんじゅう1コを100円として…
余分に2コくらい数えとくか
そのためにどういう計算をするか素早く決める「決断力」
これらがないと受験だってその先の人生だってうまくいかないわよ!
だからタケルも「概算」でもっと自分を鍛えなさーい!!
うわーん!!

ポイント!

概算のコツは「状況判断力」と「決断力」!!

ケイサンリョクヲ
ツヨクスル

第3章

第2講
計算間違いを科学する

はあ〜〜〜…
どうした？
久しぶりにひどい点数をとってしまった〜〜
ううっ
22/50
連動問題の最初の問題で間違えちゃった…
ふ〜〜〜ん…
でも考え方は合ってるじゃない
だよね!!
今回は運が悪かったってことだよね!!
なワケないでしょっ!!
パシャーン
いてっ

計算間違いが多い人にはそれなりの理由があるものよ！
計算ミスしやすい人に多いパターンをタケルもチェックして!!
ハイ…
ミスしやすい人に多いパターンその❶!!
❶ 左手(右手)を使っていない
これどういう意味？
計算って片手でできるじゃん…
それがマチガイのもと！
集中！
人間は本能的に指先に神経が集中するもの
計算しているときも両手の指を鉛筆の近くに置いておく必要があるのよ！

言われてみれば…
身に 覚え
わかった？
鉛筆を持っているほうの手だけでなく反対の手も大切なの!!
②姿勢が悪い
これも計算に集中するために気をつけて
無理な姿勢では勉強も仕事も手につかないわよ！
タケルも近視だから要注意！
!?
★悪い姿勢
う〜ん
姿勢が悪い人は手元の計算だけに集中しがちだから
★良い姿勢
問題全体を見渡すことができなくなってしまうの

そのために一目見ればわかるようなミスを見逃してしまうのよ
正しい姿勢で集中するクセをつけておいてね
なるほどー
3 行間がせまい
タケル数学のノート見せてみて！
え いいよ
あっ ホラ ココ!!
?
NG
120×17/20=
OK
120×17/20=
分数の計算を1行に収めて字がこんなに小さくなっちゃってる
17や20っていう数字の重要性が低いわけじゃないのに…
ホントだ

特に高校生になると
計算がどんどん
複雑になるでしょ
ノートは必ず
行間をあけてゆったり
のびのび使うこと！
積分記号
和の記号
累乗、行列、
ベクトル etc…
気を
つけ
ます
④
計算用紙に
空白がない
それから
みっちり書きすぎて
空白がないのも
いけません！
特に
ノート代を
ケチる
貧乏性は
要注意！
えっ
オレ？
すき間があれば
そこに計算を
書き込んで
ノートがグチャグチャ
そんな使い方を
してたら
頭の中も
グチャグチャに
なっちゃうわよ
ノートのとり方
って大事
なんだな…

⑤ 字の判別がつきにくい
これで最後よ
実はコレ 一見ノートがきれいな人にも多いの
えっ なんで!?
6とbとか gと8とか…
見た目はきれいでも まぎらわしい字体で 書いていたら ミスの原因になるわね
きれいなことと わかりやすいのは 別なの!
(1)「8」や「6」などの円形部分はできるだけ正しい○を作る。飛び出すところはハッキリと飛び出させる
(2)別の字と見まちがえないかチェックしつつ数字を書く
(3)まぎらわしい字は字体を工夫する(筆記体にする。など)
タケルも「見間違いが少ないノート」を心がけてね
わかった!!
これがコツだよ!

おキクちゃんの言うとおりだったよ！
姿勢とノートの書き方に気をつけたら計算ミスが減ったよ！
ね　効果あったでしょ？
それにこれは計算のときだけじゃなくて
他の勉強や仕事のときにも役に立つ習慣なのよ！
そうなんだ！
言われたことに気をつけていたら他の教科の成績も上がったんだよ!!
へー!!

ポイント!
①鉛筆を持っていないほうの手を添える
②良い姿勢で解く
③行間は広くとって書く
④計算用紙には空白を残す
⑤判別しやすい字体を使う
繰り返すミスには必ず原因があります
次の模試でいい結果が出るといいなあ…
ぽわわん
テストが楽しみなんてタケルじゃないみたいよ!
くすくす
じゃあ次は検算のコツを教えちゃおう!
NEXT

ケイサンリョクヲ
ツヨクスル

第3章

第3講
検算を行う

だいぶ「計算視力」も身についてタケルも計算が速くなってきたよね
うん!
計算ミスを防ぐには姿勢やノートの書き方も大事だけど…
もう一つ大切なのが「検算」なの
検算?
要するに「確かめ算」ってこと
計算の結果が本当に正しいかどうかどうやったら速く正確にわかるかしら?
え——?
時間があればもう一回計算してみるけど…
もっと要領のいい方法ってあるの?

ではその方法を3つ紹介しましょう
A
チェックサム
43+352+31+3294+438+123+193=3903
つまようじ
この計算を検算すると仮定するわね
チェックサムでは1の位だけ計算してみます
3+2+1+4+8+3+3=？
タケル！答えは？
24！
…あれ？
そう気づいた？
1の位が4じゃないとおかしい…ということは
この答えは間違ってるのよ
そうか～～～

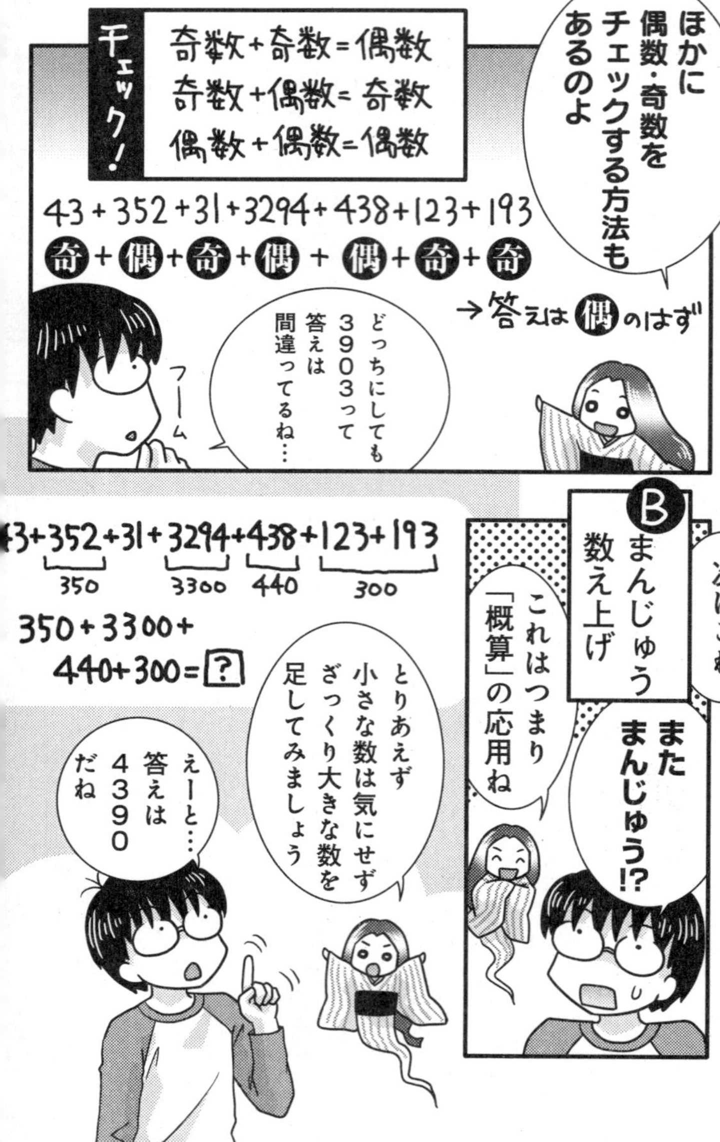

ほかに偶数・奇数をチェックする方法もあるのよ
チェック!
奇数+奇数=偶数
奇数+偶数=奇数
偶数+偶数=偶数
43+352+31+3294+438+123+193
奇+偶+奇+偶+偶+奇+奇
→答えは偶のはず
どっちにしても3903って答えは間違ってるね…
フーーム
次はこれ
B まんじゅう数え上げ
これはつまり「概算」の応用ね
またまんじゅう!?
43+352+31+3294+438+123+193
350
3300
440
300
350+3300+
440+300=?
とりあえず小さな数は気にせずざっくり大きな数を足してみましょう
えーと…答えは4390だね

あれっ!?
足りないはずなのに…
!?
そう
小さい数字をカットしたから
本当の答えはもっと大きい数のはずだよね！
これで3903という答えが小さすぎることがわかったわけ！
3903
なるほど〜…
言い換えると計算しながらなんとなく答えの値が予想できれば
計算ミスはぐんと減るのよ！
C 別の自分に計算させる
これが3つめ
時間があれば同じ計算をやり直してみること！
もちろんその時は先の計算結果や途中経過は見ちゃダメよ
えっ

こないだタケルが「アポロ13」って映画のDVD見てたでしょ
あの中に検算のシーンがあったの覚えてる？
！
計算ミスを防ぐために3つのグループが同じ計算をしてたよね
あれと同じことを自分一人でやるの
タケルB
タケルA
別の自分になったつもりでもう一回計算してみて
同じ答えになれば計算結果が正しい可能性が高いわね
(1) 1回目→まちがい
2回目→正しい
(2) 1回目→正しい
2回目→まちがい
(3) 1回目
2回目
→両方まちがい
もし違う答えが出たら可能性は3つ→
オレのがあってる
信用できない
A
答え
A
B
答え
B

そしたら1回目と2回目の内容を比べればいいんだ
そういうこと!!
B
A
途中経過を見比べて計算結果が違ってくる箇所をチェックするのよ
A 経過
B 経過
比較
それで(1)~(3)のどれにあたるかよく考えるってわけ
ふう
ふ~~~……検算も大変だなぁ
もちろん時と場合によって方法は使いわける必要があるわよ
フッ
タケルはマークシートでズレて記入する方が心配だけどね~
ちゃんと気をつけてるよ!

検算の話をしてきたけど…
そもそも計算をする必要がない場合もあるからそれもチェックしてね
ええっ!?
たとえば
200÷45×90
こんな計算のとき…
計算視力を働かせれば
「÷45×90」が「×2」と同じだってことがわかるよね
そっか!
ああ!
ちょっと考えれば余分な計算を避けられることは多いのよ
ふだんから余分な計算をしないクセを身につけていれば検算の手間も省けるわ!

どれも一長一短あります
ポイント!
A. チェックサム
B. まんじゅう数え上げ
C. 別の自分に計算させる
※余分な計算はしない!!
適した方法を使うこと!
限られた時間で最適な方法を見極めないといけないね
そもそも検算する時間があればだけど…
あはは
もちろん!
よし!! この調子で来週のテストもがんばろ——!!
オーーッ!

テスト中
カリ カリ
カリカリ
うわっ
もうこんな時間!?
ヤバイ 間に合わない!!
タケル! こういう時こそ状況判断力と決断力!
日頃の成果を見せるのよ!
はっ
そっ そうだね!
おちついて考えよう
問3は難しそうだからとりあえずとばして
問4なら昨日やったところだから…
カリカリ
カリ
カリ…

衣笠――!!
テスト終了後
土曜に田中とカラオケ行くのお前も来る？
えー…その日は予定が…
あ
でもなんとかなるかも！
マジで!?
歯医者の予約をずらして…ケータイの機種変は来週でいいや
うん大丈夫行くよ！
やったね！

なに 母さん？
うん まだ学校
メールにしてよー
あーごめん！ちょっと急ぎでおつかいお願い
となり駅の姉のところにイカが届いたんだって！悪いけどとりに行ってくれない？
ね ついでなんだからいいじゃない!!
え〜〜〜!?
めんどくさ〜〜
だってイカだもの傷むでしょ！
イカ〜〜
あっ でもとなり駅って…
駅前にケータイショップあるじゃん!!
オッケー!!
じゃあ代わりに週末の歯医者の予約
わかったわ!!
よしっ
手続きの間にイカをとりに行けばカンペキ!!
ぐっ

フン
♪
フン
さすが衣笠様の子孫！ やればできるじゃない!!
計算って数学以外にも必要なんだね！
おキクちゃんの言うとおりだったよ！
うーん
が美しい…
私の役目ももう終わりかな……

キ〜ンコ〜ン
よーしじゃあ
これから
期末テストの
結果を
返すぞー!
足立ーー
はーい
江川ーー
ハイ
金田ーー
ハイ
衣笠ーー
ガタ
はい!
?
ニヤ

100
ピヨ
久米田ーー
ざわ ざわ
・・・・・・・!!
衣笠どうしたの？
プル
プル
また赤点とったんじゃね？
えっ!? 100点!?
ぎょっ

あんた まさか… カンニ……
ガクガク
ちがうよっ!!
も——っ
本当に!?
信じられなーい!!
きゃっ
きゃっ
はじめて—!
生きてるうちにタケルの100点が見られるなんて!!
そこまで言わなくても
そういえばあんた大学はどうするの?
あ…うん
まだ決めてないけど理系の学部に進みたいなって…
なるほどね
にょきっ
!

…というわけで
約束どおり100点とりました…
うむ！
…………
まあ約束だしね…

私もそろそろ成仏しないとなあ……
あっあの
その件なんだけどさ…
!?
へっ
なーんちゃって
まあそれも悪くないんだけど
こんなの用意しちゃったしな〜〜
ポン
？
何それ
AZON.co.jp

大学受験用の参考書!?
え…何これどうやって!?
ネット書店で買った
便利な箱でポチッとな。
ちょっ…勝手に人のアカウント使わないでよ!!
しょーがないじゃんオバケなんだもん♡
がおー
この…
いいじゃないどうせ要るんだから!
まあ私としてもタケルの将来が気になりますし…
受験もあるしね

もうちょっと
こっちに
居ることに
するわ！
よろしく
ねっ♡
え…
はっ
参考書の山
ということは…
またあの
スパルタ教育!!
あ
あのでも
一人でもちゃんと
がんばれるし！
大丈夫だよ!!
うん
うん
お墓参りも
ちゃんとするし!!

そんなこと言って〜〜〜
タケルだって私がいなくなったら寂しいでしょ〜〜〜?
いーーえちっとも!!
そこまで言うならしょーがないわね〜〜〜
また一肌脱ぎますか!!
いってー
この暴力オバケ!
よーし 目指せ東大ーーー!!
それはムリだよ!!
目標は高いほうがいいの!!
え〜〜〜

おしまい

解答

各【練習問題】の答え

第1章　第1講

九九を使った計算視力

【解答】

① $18 \times 15 = 9 \times 2 \times 15 = 9 \times 30 = \mathbf{270}$

② $35 \times 14 = 35 \times 2 \times 7 = 70 \times 7 = \mathbf{490}$

③ $25 \times 16 = 25 \times 2 \times 8 = 50 \times 8 = \mathbf{400}$

④ $45 \times 12 = 45 \times 2 \times 6 = 90 \times 6 = \mathbf{540}$

5をかけること、5で割ること

【解答】

① $256\times5=256\div2\times10$

$=\mathbf{1280}$

② $742\times5=742\div2\times10$

$=\mathbf{3710}$

③ $349\div5=349\times2\div10$

$=\mathbf{69.8}$

④ $709\div5=709\times2\div10$

$=\mathbf{141.8}$

和差積を使った計算視力

【解答】

① $97 \times 103 = (100-3) \times (100+3)$

$= 10000 - 9 = \mathbf{9991}$

② $26 \times 24 = (25+1) \times (25-1)$

$= 625 - 1 = \mathbf{624}$

③ $14 \times 18 = (16-2) \times (16+2)$

$= 256 - 4 = \mathbf{252}$

④ $27 \times 13 = (20+7) \times (20-7)$

$= 400 - 49 = \mathbf{351}$

⑤ $112 \times 108 = (110+2) \times (110-2)$

$= 12100 - 4 = \mathbf{12096}$

⑥ $93 \times 87 = (90+3) \times (90-3)$

$= 8100 - 9 = \mathbf{8091}$

第1章　第4講

かけ算・割り算は計算順序を入れ替える

【解答】

① $38 \div 54 \times 270 = 38 \times (270 \div 54)$

$= 38 \times 5$

$= \mathbf{190}$

② $98 \times 120 \div 23 \times 46 \div 49 \div 48$

$= (98 \div 49) \times (46 \div 23) \times 120 \div 48$

$= 2 \times 2 \times 120 \div 48$

$= 480 \div 48$

$= \mathbf{10}$

③ $81 \times 75 \times 125 \times 32 = 81 \times (75 \times 125 \times 32)$

$= 81 \times (75 \times 4 \times 125 \times 8)$

$= 81 \times 300 \times 1000$

$= \mathbf{24300000}$

分数変換法を用いた計算視力

【解答】

① $24 \times 0.25 = 24 \times \frac{1}{4}$
$= \mathbf{6}$

② $80 \times 0.35 = 80 \times \frac{7}{20}$
$= 4 \times 7 = \mathbf{28}$

③ $68 \times 0.75 = 68 \times \frac{3}{4}$
$= 17 \times 3 = \mathbf{51}$

④ $16 \times 0.15 = 16 \times \frac{3}{20}$
$= 0.8 \times 3 = \mathbf{2.4}$

⑤ $36 \times 0.45 = 36 \times \frac{9}{20}$
$= 1.8 \times 9 = \mathbf{16.2}$

⑥ $26 \times 0.65 = 26 \times \frac{13}{20}$
$= 1.3 \times 13 = \mathbf{16.9}$

【解答】

① 16＋19＋23＋19＋22

＝20×5＋(−4−1＋3−1＋2)

＝**99**

② 21＋23＋24＋25＋27

＝24×5＋(−3−1＋1＋3)

＝**120**

③ 79＋76＋83＋81＋84＋75

＝80×6＋(−1−4＋3＋1＋4−5)

＝**478**

④ 24＋20＋23＋24＋24＋24＋24＋28

＝24×8＋(−4−1＋4)

＝**191**

第2章　第2講

等差数列を「平均」でかけ算に持ち込む

【解答】

① $22+24+26+28+30=26\times 5$
$=\mathbf{130}$

② $40+35+30+25+20=30\times 5$
$=\mathbf{150}$

③ $32+35+38+41+44=38\times 5$
$=\mathbf{190}$

④ $27+30+33+36+39=33\times 5$
$=\mathbf{165}$

⑤ $12+13+14+15=(13+14)\times 2$
$=\mathbf{54}$

⑥ $7+9+11+13+15+17=(11+13)\times 3$
$=\mathbf{72}$

足し算は計算視力で「グループ化」

【解答】

① $6+6+8+2+9+2+5+5+4+5+2+4+6+12$

$=(6+6+8)+2+9+2+(5+5)+4+5+2+(4+6)+12$

$=(6+6+8)+2+2+(5+5)+(9+4+5+2)+(4+6)+12$

$=20+10+20+10+2+2+12=$**76**

② $6+5+2+14+6+6+5+2+8+14+2+4+5+12+8+9+5+7$

$=(6+5+2)+(14+6)+(6+5)+(2+8)+(14+2+4)+5+(12+8)+9+5+7$

$=13+20+11+10+20+20+9+(5+5)+7$

＝120

※グループ化の方法はほんの一例です。

引き算の基本は「おつりの勘定」

【解答】

① $10000-5234=(9999-5234)+1=$**4766**

② $10000-7293=(9999-7293)+1=$**2707**

③ $100000-42938=(99999-42938)+1$
$=$**57062**

④ $10000-398=(9999-398)+1=$**9602**

⑤ $154-68=54+32=$**86**

⑥ $268-192=68+8=$**76**

☆おまけまんが☆

最近おキクちゃんがツイッターをはじめたらしい
現世たのし〜〜っ
どうやってタイピングしてるんだろう…
そ〜〜っ
ざわ
ビクッ
シュ
タタタタタタ
キモっ! てか速っ!!
ネットばっかり見てないで街で見聞を広めてきたら?
え〜〜?
ブ〜〜
だっていっしょに遊ぶ友達もいないしぃ〜〜
出かけると疲れちゃうしさあ〜〜
ネトゲ楽しいし〜 幽霊でも遊べるしぃ
いっそこのままでもいいんじゃね? みたいなwww
こいつ…そういえばヒキコモリだった…
(井戸の中で)

ありがとうございました!

数字は大のニガテな
ばりばりの文系ですが、
わかりやすく描いたつもりです。
皆様のお役に立ちますように!

原作者の鍵本先生、
編集三好氏、背景アシ平野さん、
大切な家族、そして この本を
手に取って下さった皆様に
感謝の気持ちを こめて。

2010. 初冬
Gason Miko

ペコリ

おキクちゃんはタケルにとり憑いているので
姿が見えたり 話ができるのは タケルだけです
母君ったらヤカンかけっぱなし!
も〜〜
チリチリ
あらっ
15:42
火の元には気をつけて タケル
リロリン♪
今日はありがと——!!
たすかったわ〜 よくわかったわね——
ム〜
?

N.D.C.411.1　188p　18cm

ブルーバックス　B-1740

マンガで読《よ》む　計算力《けいさんりょく》を強《つよ》くする

2011年10月20日　第1刷発行
2022年6月10日　第6刷発行

漢画　がそんみほ
構成　銀杏社
発行者　鈴木章一
発行所　株式会社講談社
〒112-8001 東京都文京区音羽2-12-21
電話　出版　03-5395-3524
販売　03-5395-4415
業務　03-5395-3615
印刷所　（本文印刷）株式会社ＫＰＳプロダクツ
（カバー表紙印刷）信毎書籍印刷株式会社
製本所　株式会社国宝社

定価はカバーに表示してあります。

ISBN978-4-06-257740-3

発刊のことば

科学をあなたのポケットに

二十世紀最大の特色は、それが科学時代であるということです。科学は日に日に進歩を続け、止まるところを知りません。ひと昔前の夢物語もどんどん現実化しており、今やわれわれの生活のすべてが、科学によってゆり動かされているといっても過言ではないでしょう。

そのような背景を考えれば、学者や学生はもちろん、産業人も、セールスマンも、ジャーナリストも、家庭の主婦も、みんなが科学を知らなければ、時代の流れに逆らうことになるでしょう。

ブルーバックス発刊の意義と必然性はそこにあります。このシリーズは、読む人に科学的に物を考える習慣と、科学的に物を見る目を養っていただくことを最大の目標にしています。そのためには、単に原理や法則の解説に終始するのではなくて、政治や経済など、社会科学や人文科学にも関連させて、広い視野から問題を追究していきます。科学はむずかしいという先入観を改める表現と構成、それも類書にないブルーバックスの特色であると信じます。

一九六三年九月

野間省一